LA SCIENCE

DANS LES JEUX

RÉCRÉATIONS INSTRUCTIVES DE LA JEUNESSE

DÉDIÉ AUX COURS FABRE ET GENTILHOMME.

INSTRUCTION ET RÉCRÉATION DE LA JEUNESSE

GÉOMÉTRIE — PHYSIQUE — HISTOIRE

LA SCIENCE

DANS LES JEUX

PAR E. DE FRANCHEVILLE

OUVRAGE ESSENTIELLEMENT PRATIQUE

PARIS

IMPRIMERIE-LIBRAIRIE PAUL DUPONT

41, RUE JEAN-JACQUES-ROUSSEAU

ÉGALEMENT EN VENTE

COURS FABRE ET GENTILHOMME

54, RUE DE CHABROL.

1875

LA
SCIENCE
DANS LES JEUX

LES BULLES DE SAVON

PESANTEUR DES CORPS, PESANTEUR DE L'AIR
LE VIDE

Neuf heures viennent de sonner. C'est jour de congé pour les écoliers.

Mademoiselle Fanny, qui a onze ans, et son frère, qui en a quatre, ont déjà signalé leur bruyante présence en traversant toutes les pièces du logis.

« Attends-moi, Niny. Attends-moi ! » crie le bébé précipitant le pas.

Mademoiselle Fanny n'attend personne !

Chaussée de légères pantoufles, vêtue de courts jupons bouffants, elle saute comme une balle élastique, et son dernier bond la jette dans la cuisine, dont la porte se referme au nez du petit Fritz. Celui-ci, au lieu de tirer à lui la porte, qui s'ouvrirait, la pousse du côté opposé en tapant du pied. Ses souliers sont abîmés, la porte est salie, mais il finit par entrer.

Pendant ce temps, Fanny met sens dessus dessous la vaisselle et les ustensiles qui garnissent les étagères.

Que cherche-t-elle ? le reste des fraises du dîner d'hier, les confitures nouvelles, le chocolat mijotant sur le fourneau ? Rien de tout cela. On la voit s'emparer d'une jolie coupe de porcelaine blanche et d'un morceau de savon veiné de bleu. Ce savon, fabriqué à Marseille, est composé de potasse, de soude et de lessive faible ; voilà pourquoi il convient mieux que les pâtes parfumées pour réaliser le projet médité par Fanny, qui se propose de faire..... devinez quoi, des *bulles de savon !*

Il ne s'agit plus que de découvrir le chalumeau de paille, que l'on fendra à l'une de ses extrémités en six parties égales de manière à former la figure d'une étoile, et l'outillage sera complet.

Définition. — La bulle de savon n'est autre chose qu'une goutte d'eau savonneuse suspendue à un chalumeau et dans laquelle on insuffle de l'air par ce même chalumeau pour la gonfler et lui donner la forme sphérique. La paroi dont elle est constituée ne devient plus qu'une mince pellicule d'eau que l'addition du savon rend visqueuse, et par conséquent plus susceptible d'offrir une certaine solidité.

Pesanteur des corps. — La légèreté des bulles de savon est si grande, que celles-ci ne peuvent tomber jusqu'au sol, malgré la loi physique qui veut que tout être, tout objet soit attiré vers le centre de la terre. L'air fait toujours plus ou moins d'obstacle à la chute de tous les corps, selon leur poids ; les bulles étant très-légères, il les soutient, et la plupart du temps, même, celles-ci se trouvent enlevées par cet élément à une hauteur assez considérable. Il en est de même de tous les corps légers, comme une feuille de papier par exemple, ou bien encore la fumée que l'on voit sortir des cheminées en s'élevant. S'il n'y avait pas d'air, la feuille de papier et la fumée tomberaient aussi rapidement sur le sol que des corps plus lourds, comme une pierre, une balle de plomb.

Idées générales. — Les rayons de la lumière réfléchis sur ces minces pellicules produisent des couleurs qui varient à l'infini ; leur vivacité magnifique charme les yeux. Les bulles de savon reflètent aussi, comme autant de petits miroirs, tout ce qui les entoure, et par cela même elles ont flatté l'imagination des poëtes. Ils y ont trouvé l'image des illusions éphémères de la vie. Hugo, à propos de nos espérances aussitôt mortes que nées, a dit :

Tout homme enfle une bulle où se reflète un ciel,
Frêle bulle d'azur d'une goutte d'eau faite,
Monde qu'un souffle crée et qu'un souffle détruit.

Mais retournons à Fritz et à Fanny que nous

avons laissés à la cuisine. Nous les retrouvons sur le balcon du salon, fort occupés à la besogne, mais de façons différentes.

D'abord, le bébé est déjà tombé une fois à terre, ce qui lui a immédiatement fait comprendre que tous les corps sont attirés vers le centre de la terre et que le sien, tout petit qu'il est, se trouve encore plus lourd que l'air, qui, par conséquent ne peut le soutenir. Puis, il barbote dans l'eau jusqu'au coude et a sali toute sa blouse. Croyant produire plus d'effet il a délayé un demi-kilog. de savon en l'arrosant de trois litres d'eau, et se servant d'un vieux tube de baromètre, il souffle si violemment sur son liquide, qu'en voulant former une bulle il en gonfle des milliers qui crèvent sur place. Comment s'y prend donc Fanny pour réussir si bien ? Regarde, petit espiègle, en attendant que tu puisses lire La Fontaine, qui t'apprendra que *l'excès en tout est un défaut.*

Pesanteur de l'air. — Fritz suit effectivement la manière de faire de sa sœur. Il voit qu'au lieu de souffler par son chalumeau elle aspire légèrement l'air qui s'y trouve, ou, pour mieux dire, elle fait le *vide*. Il s'ensuit que le liquide exposé à l'air libre, en reçoit la *pression* et monte tout naturellement dans le chalumeau, selon le plus ou moins de vide fait par la bouche de l'enfant. On comprend qu'il n'est besoin de n'en faire monter qu'une bien petite quantité pour recueillir la valeur d'une goutte d'eau qui doit faire la bulle.

Le bébé regarde d'un œil d'envie les magnifiques ballons que l'air emporte en l'air; il veut que Fanny les approche, afin, dit-il, de les attacher avec de la ficelle !

En cet instant, Fanny tient suspendue et prête à s'envoler la plus grosse bulle qu'elle ait encore faite ; les arbres et les kiosques du jardin s'y peignent et s'y nuancent des couleurs de l'arc-en-ciel.

Bébé ne peut plus retenir ses cris d'admiration : « Oh ! le beau ballon ! Viens voir, maman, « le beau ballon ! Il y a dedans des petits ar- « bres et de grands clochers pareils à ceux « qui sont sur mes images de Strasbourg, là où « Niny dit que papa est mort. Envole-toi là- « bas loin, loin au pays de papa. Il part, il est « parti. Bon voyage, joli petit ballon ! »

Questionnaire. — Qu'est-ce qu'une bulle de savon ? — Quelle forme a-t-elle ? — Le savon est-il nécessaire pour faire une bulle ? — Comment s'y prend-on pour faire monter l'eau dans le chalumeau et en vertu de quel phénomène le liquide y monte-t-il ? — Pourquoi les bulles restent-elles suspendues quelquefois en l'air ? — Que faudrait-il pour que les bulles, la fumée ou une feuille de papier tombassent rapidement sur le sol? — Où sont attirés tous les corps ?

LE CERCEAU

LA CIRCONFÉRENCE

Définition. — Le cerceau est une lame de bois arrondie en circonférence que l'on fait rouler à l'aide d'un bâton.

Circonférence. — La circonférence géométrique est une ligne courbe dont tout les points sont à égale distance d'un point intérieur appelé centre.

Le cercle est l'espace compris dans la circonférence ; donc, ce sont deux choses bien différentes qu'il ne faut pas confondre ; toutefois, l'usage a consacré le mot *cercle* pour les circonférences en bois ou en fer servant à entourer les cuves ou les tonneaux.

Confection. — Pour que le cerceau puisse rouler dans de bonnes conditions et se conformer au degré de vitesse exigé par la main qui le fait mouvoir, il est nécessaire qu'il soit régulièrement rond et que sa surface soit bien unie.

Un bon cerceau doit être mince ; sa légèreté, et par suite sa rapidité dans la course, ne font qu'y gagner ; d'un autre côté, il est facile de comprendre que moins sa surface est large, moins elle offre de résistance au sol, qui présente toujours plus ou moins d'aspérités.

Mouvement. — Le cerceau une fois lancé en avant, le joueur doit le suivre de manière à être assez près de lui pour entretenir le mouvement quand il vient à se ralentir. Il se sert à cet effet d'un petit bâton pour pousser le cerceau pendant sa marche et lui donner une vigueur nouvelle lui permettant de parcourir un espace qui sera d'autant plus étendu que l'impulsion aura été vigoureuse. Mais, si une certaine mollesse est insuffisante pour entretenir la marche, ce ne sont pas les coups les plus forts qui lui sont

les plus favorables. Il y a surtout une manière
de faire qui s'acquiert instinctivement et qui consiste à ne pas donner des coups secs, mais bien
à laisser le bâton glisser et, en quelque sorte,
accompagner un peu le cerceau.

Toujours à l'aide de ce bâton, on peut faire
de légères rectifications dans la direction à droite
ou à gauche quand le cerceau penche trop d'un
côté ou d'un autre. Rien de plus facile aussi
que de tourner les chemins en courant et sans
arrêter sa course.

Le bâton. — Le bâton qui sert d'intermé-
diaire entre le cerceau et celui qui le fait manœuvrer ne doit pas dépasser une longueur de
0,35 à 0,45 centimètres ; s'il est plus long son
poids fait osciller le cerceau, qui perd alors la
régularité de sa marche, et la main est moins
sûre pour le diriger ; s'il est plus court, ses coups
sont trop secs et moins susceptibles d'avoir cette
espèce d'élasticité donnée par le bâton de la
longueur indiquée.

Origine. — Le cerceau est un des meilleurs
moyens de gymnastique pour développer les

grâces de l'enfance ainsi que ses forces. Les anciens l'employaient dans ce but, et encourageaient ce genre d'exercice qui habitue la main à acquérir, même en courant, une certaine légèreté et plus de précision dans les mouvements.

Questionnaire. — Qu'est-ce qu'une circonférence ? — Qu'est-ce qu'un cercle ? — Quelle différence y a-t-il entre une circonférence et un cercle ? — Qu'est-ce qu'un cerceau ? — Quelle forme faut-il qu'il ait et quelles sont les principales conditions qu'il doit remplir pour être d'un bon usage ? — Le cerceau pourrait-il marcher sans être rond ? — Comment le met-on en mouvement et à l'aide de quel instrument ? — De quelle longueur doit être le bâton ? — Peut-on courir avec un cerceau ? — Le jeu du cerceau est-il moderne ?

LE BILLARD

POLYGONE — QUADRILATÈRE
PARALLÉLOGRAMME

On appelle **polygone** toute figure plane terminée par des lignes droites, et **quadrilatère** un
polygone qui a quatre côtés; et enfin on donne
le nom de **parallélogramme** à un quadrilatère
dont les côtés opposés sont parallèles (1).

On peut facilement se faire idée de ces différentes figures géométriques en considérant un
billard. En effet, le billard est un polygone,

---

(1) C'est-à-dire dirigés dans le même sens et en ligne
droite, de manière à ce que ces lignes droites ne puissent
jamais se rencontrer si elles étaient indéfiniment prolongées.

2.

parce que sa surface plane est terminée par des lignes droites ; c'est un quadrilatère, parce qu'il a quatre côtés, et enfin, c'est un parallélogramme, puisque ses cotés opposés sont parallèles.

Le Billard. — Définition. — Le billard représente une surface plane, horizontale, longue de 3 mètres 50 à 4 mètres, large de 1 mètre 50 à 2 mètres, entourée de quatre rebords appelés *bandes* et recouverte d'un tapis de drap vert bien uni. Le tout, à une hauteur d'un peu plus d'un mètre du sol, est solidement posé sur quatre ou six pieds massifs.

Le billard étant un parallélogramme, a naturellement deux côtés plus petits que les deux autres, et c'est l'un de ces petits côtés qui est ce qu'on appelle le bas du billard, et celui qui lui est parallèle en est le haut.

Bandes. — Les quatre bandes sont quelquefois garnies de caoutchouc, mais les meilleures et les plus durables sont simplement formées de lisières de drap superposées. Les bonnes bandes, au moindre toucher de la bille, la renvoient avec élasticité et semblent doubler la vitesse de sa course.

Queues. — On joue au billard au moyen de bâtons qui portent le nom de queues et qui servent à faire rouler des billes d'ivoire en les poussant. Les queues ont de 135 à 140 centimètres de long : assez grosses d'un bout, mais pouvant être entièrement prises à pleine main; elles vont en s'amincissant jusqu'à l'autre bout. Celui-ci est muni à son extrémité d'une rondelle en cuir appelée *procédé* et destinée à établir une certaine élasticité entre la bille et la queue pendant le choc.

Billes. — Les billes, toujours en ivoire, doivent être d'une sphéricité parfaite afin de pouvoir bien rouler sur le billard; leur grosseur varie peu, mais comme avant tout il est nécessaire, pour pouvoir jouer dans de bonnes conditions, qu'il y ait un rapport proportionné entre leur poids et celui des queues, on a adopté une grosseur moyenne pour les billes et pour les queues. Un joueur expérimenté s'aperçoit de suite du défaut d'équilibre lorsqu'il ne rencontre plus la précision qui fait sa force.

Principes généraux, manière de jouer. — Le billard est un jeu qui doit rester élégant c'est pourquoi il faut éviter en jouant toute position exagérée ou qui n'est pas naturelle. La manière d'attaquer la bille varie à l'infini, selon le résultat que l'on veut obtenir et le genre de partie que l'on joue, mais celle qui est la plus employée est ce qu'on appelle *l'effet*.

La partie la plus en vogue est le *Carambolage* et se joue avec trois billes, deux blanches et une rouge.

Il y a aussi la *Poule*. Le billard disposé pour cette partie est percé aux quatre coins et à la moitié des bandes les plus longues de 6 trous appelés *blouses*. Il y a aussi la partie aux cinq quilles, qui n'est autre chose que le carambolage compliqué des quilles placées au milieu du billard.

Idées générales. — Ce ne fut que sous le règne de Louis XIV (1643-1715) que le jeu de billard commença à devenir à la mode en France; mais il était loin d'avoir le perfectionnement qu'il a atteint de nos jours. Le procédé des queues n'existait pas et celles-ci étaient bien moins maniables à cause de leur forme recourbée vers l'extrémité tenue de la main droite. Mais dès cette époque l'engouement devint d'autant plus considérable que le roi lui-même prit goût à ce genre de distraction. On lit dans Larousse (1) « que l'heureux Chamillart, sous le règne de ce Roi, fit sa fortune grâce au billard. Il était conseiller au Parlement, lorsque sa réputation de joueur de billard le fit appeler à la cour, où il parvint à devenir ministre de la guerre et des finances. Il jouait avec Louis XIV trois fois la semaine et savait perdre à propos. En fallait-il davantage pour qu'il arrivât aux plus hautes destinées ?. Le carambolage avait suppléé au génie, chez l'homme d'État. Mais si Chamillart fit sa fortune politique en jouant au billard avec le grand Roi, ce fut aussi en y jouant avec Chamillart, qu'à son tour Samuel Bernard bloqua dans la *blouse* de son coffre-fort le premier million de sa prodigieuse richesse. »

Tout le monde sait aujourd'hui si le jeu de billard s'est répandu depuis.

On donne aussi le nom de billard ou plutôt de **billard anglais**, à un appareil d'une grandeur six fois moindre que le billard ordinaire, recouvert

______

(1) *Dict. Universel.*

aussi quelquefois d'un tapis vert et dont le plan est incliné. La seule similitude qui existe entre ce jeu et celui que nous venons de traiter, est qu'on y joue avec des billes et au moyen de queues ; mais la disposition et les règles en sont bien différentes. La bille doit être poussée de manière à ce qu'elle monte jusqu'en haut du billard, pour retomber ensuite dans de petits casiers numérotés, après avoir passé à travers nombre d'obstacles. Les casiers les plus inaccessibles ont les plus hauts chiffres, et celui des joueurs qui atteint le premier un nombre de points déterminé gagne la partie. Les dispositions du billard anglais sont très-variées.

Questionnaire. — Qu'est-ce qu'un polygone, un quadrilatère, un parallélogramme ? — Quelles figures géométriques le billard représente-t-il ? — Qu'est-ce que le billard et comment est-il disposé ? — Comment les bandes sont-elles disposées ? — Comment joue-t-on ? — Comment les queues sont-elles confectionnées ? — Comment sont les billes ? — Quelles conditions doivent-elles remplir pour bien rouler sur le billard ? — Quelle est la manière la plus généralement employée dans le jeu ? — Quelles sont les principales parties ? — Le jeu de billard est-il ancien en France ? — Y a-t-il d'autres jeux appelés billards ? — Comment sont-ils disposés ?

LES DAMES

LE CARRÉ

Carré. — On donne le nom de polygone à toute figure plane terminée par des lignes droites et on appelle *carré* tout polygone terminé par quatre lignes droites égales.

Le Damier. — Les petites cases noires et blanches et de forme régulière qui figurent sur le damier sont des carrés.

Leur nombre est de cent : cinquante noirs et cinquante blancs ; la manière dont ils sont intercalés les uns dans les autres est connue de tout le monde. Le nombre de pions qui servent à jouer est de quarante : vingt noirs et vingt blancs. Les premiers sont disposés d'un côté du damier les autres de l'autre, mais tous sur les cases blanches et de manière à ce qu'il reste entre les noirs et les blancs, deux rangées de cases libres.

Manière de jouer. — Ce jeu se joue à deux, et chaque joueur a pour soi tous les pions d'une même couleur. La manière de jouer consiste à pousser les pions en avant, mais toujours sur les cases blanches, jusqu'à ce qu'ils rencontrent ceux de l'adversaire, qui fait de même de son côté. Lorsqu'un pion d'une couleur arrive jusqu'au casier d'un pion de l'autre couleur, s'il se trouve une case libre derrière celui-ci le premier passe par dessus lui et s'en empare. Celui des joueurs qui prend le plus de pions à son adversaire et qui, par conséquent, reste seul, a gagné la partie. Ce jeu consiste donc à laisser le moins possible de cases vides derrière un pion, afin de ne s'en faire prendre que peu.

Origine. — On n'est pas d'accord sur l'origine du jeu de dames.

Les uns prétendent que les Grecs de l'antiquité, trouvant le jeu d'échecs (qu'ils connaissaient aussi) très-difficile, inventèrent celui des *dames* pour les Troyennes, d'où son nom. D'autres le font venir des Indes.

Enfin, on attribue aussi une origine polonaise à ce passe-temps, dont l'introduction en France n'est pas connue d'une manière précise.

Questionnaire. — Qu'est-ce qu'un polygone ? — Qu'est-ce qu'un carré ? — Quelle est la structure du damier? — Combien y a-t-il de pions ? — Quelle est la manière de jouer et quelle est la marche à laquelle il faut s'attacher pour prendre des pions à son adversaire et ne pas s'en faire prendre ? — L'origine du jeu de dames est-elle bien précisée ?

LE BALLON

LA SPHÈRE

La Sphère. — La sphère est un corps plein ou creux dont la surface a tous ses points également distants d'un point intérieur appelé centre. Le ballon, par sa conformation, peut donner une idée exacte de cette figure géométrique. Nous le prendrons pour exemple.

Définition et confection. — Le ballon n'est autre chose qu'une vessie ou poche très-mince de forme sphérique et suffisamment gonflée d'air pour offrir par la tension du tissu dont elle est constituée une certaine résistance aux chocs qu'elle est appelée à recevoir. Recouverte d'un cuir épais qui la préserve du contact direct de tout ce qui peut l'endommager, elle présente l'apparence d'une sphère grosse comme la tête et légère comme une plume. On s'en sert pour jouer à deux ou plusieurs personnes en se la lançant de l'une à l'autre.

Il existe aussi une autre sorte de ballon dont l'usage tend à se généraliser de plus en plus : c'est le ballon en caoutchouc. Depuis que l'industrie a confectionné ce produit, le ballon en caoutchouc est généralement employé ; il ressemble au premier par la forme, son poids est le même, mais ses conditions de solidité offrent plus de garanties.

Jeu. — Pour lancer un ballon il faut d'abord le laisser tomber perpendiculairement devant soi de la hauteur d'un mètre ou deux. Son choc sur le sol le fait rebondir en vertu de l'élasticité de l'air qu'il contient et du phénomène physique qui veut que cet air, aussitôt comprimé, cherche à reprendre son étendue primitive. Avant que le ballon ne tombe une seconde fois on lui applique de bas en haut un coup de poing vigoureux pour l'élever en l'air à une hauteur assez considérable et lui faire parcourir en même temps une courbe où parabole en avant de manière à ce qu'il retombe le plus près possible de l'autre joueur. Celui-ci laisse le ballon toucher terre au moins une fois pour neutraliser l'élan que lui a donné la course et riposte à son tour en le renvoyant au premier joueur de la même manière que ce dernier a employée en commençant, et ainsi de suite.

Règle du jeu. — Que l'on soit deux ou plusieurs, la manière de jouer reste la même et ne varie que dans la direction à donner vers l'un ou l'autre joueur. La seule règle à observer est de ne jamais permettre au ballon de s'arrêter, car il ne doit toucher terre que pour être immédiatement relancé en l'air. Si le coup est mal dirigé, le ballon s'en va rasant le sol et roule quelquefois fort loin ; c'est ce qu'il faut éviter, sans quoi on ne peut toujours pas l'atteindre assez tôt pour rectifier sa direction et il finit par s'arrêter de lui-même. Dans ce cas, celui des joueurs qui en est cause soit comme lanceur, soit comme destinataire (l'appréciation est souvent seul juge), devient un sujet de raillerie et de plaisanterie de la part de ses camarades ou de la galerie, et l'amour-propre de bien faire est la plupart du temps la seule règle suivie. Il y a cependant des parties de ballon sérieuses

3.

et dans lesquelles tout est réglementé : les joueurs sont divisés en deux camps, et chaque faute, comme, par exemple, celle de laisser le ballon s'arrêter ou de ne pas le lancer à une distance *minima* déterminée, est comptée à son auteur ou plutôt à son camp jusqu'à ce qu'il en ait commis un nombre convenu d'avance, dans lequel cas la partie est perdue pour ce camp.

Idées générales. — Le jeu de ballon n'est pas seulement aimé de l'enfance ; les jeunes gens et les hommes mûrs font des parties d'un grand intérêt. C'est souvent un véritable jeu d'adresse qui amuse et captive tout à la fois joueurs et spectateurs. Souvent aussi le ballon est lancé à coups de pied ; les forts joueurs usent volontiers de cette fantaisie tant pour faire diversion que pour montrer leur agilité.

On donne aussi le nom de *ballon* à ces sphères légères emplies de gaz qui s'élèvent d'elles-mêmes dans les airs ; mais quelle que soit leur similitude avec le ballon qui vient d'être décrit, il ne peut en être question ici. (Voyez, page 68, l'*Air* et le *Gaz*.)

Questionnaire. — Qu'est-ce qu'une sphère ? — Qu'est-ce que le ballon ? quelle forme a-t-il ? et de quoi est-il fait ? — Quelles matières emploie-t-on pour confectionner un ballon ? — Comment s'y prend-on pour jouer ? — A combien de personnes peut-on jouer ? — Y a-t-il une règle pour ce jeu ? quelle est la principale ? — Le jeu de ballon est-il spécial au jeune âge ?

LES BILLES

LE TRIANGLE

Les Billes ont bien leur charme pour les écoliers, quand les temps chauds sont venus et que les jeux qui exigent une activité de mouvements ne peuvent plus être en faveur à cause de la température.

Tout le monde connaît ces petites pierres rondes ou, pour mieux dire, sphériques et grosses à peu près comme des noisettes. Les unes sont en marbre, d'autres sont en agate, d'autres enfin, et ce sont les plus employées, sont de stuc, sorte de composition qui acquiert en durcissant la solidité de la pierre.

Les jeux de billes sont nombreux, mais les

principaux et en même temps les plus en vogue sont le *triangle* et la *bloquette*.

Le Triangle. — En géométrie le triangle n'est autre chose qu'une figure ou, mieux, un polygone (1) terminé par trois côtés.

Trois lignes droites qui se joignent feront toujours un triangle, mot qui signifie figure à trois angles. C'est cette figure géométrique que les écoliers ont choisie pour jouer aux billes. En dire la raison serait difficile, car une circonférence ou un parallélogramme conviendraient également ; mais un usage transmis de génération en génération a consacré le triangle, et la jeunesse de nos jours s'y soumet avec plaisir et satisfaction, ne faisant en cela qu'imiter ses aînés.

Jeu du triangle. — C'est sur le sol qu'est tracé le triangle ; un terrain bien uni est choisi à cet effet, puis chacun des joueurs y dépose une quantité égale de billes. Ceci fait, les adversaires, au moyen d'une *cale* ou bille qui leur tient lieu d'arme dans le combat qui va s'en-

---

(1) Voyez *Polygone*, page 17.

gager, cherchent à débusquer et faire sortir du triangle le plus de billes possible pour s'en emparer ensuite, mais sans y laisser leur cale. Celui dont la cale reste dans le triangle doit y restituer ce qu'il a de butin. Lorsque toutes les billes sont réparties entre les mains de ceux qui les ont acquises, les adversaires qui restent seuls en présence se poursuivent, et tout joueur dont la bille est atteinte par celle de son adversaire est *mort*, et doit restituer ce qu'il a de butin entre les mains de celui qui l'a touché. Le joueur qui, de cette façon, reste seul, et se trouve en possession de toutes les billes précédemment mises en jeu, a gagné la partie.

La Bloquette. — Le jeu de la bloquette est peut-être encore plus simple : Un trou appelé *pot*, profond d'environ 4 à 5 centimètres et large d'autant, est creusé au pied d'un mur ou d'un arbre, et a pour destination de recevoir les billes qu'un joueur placé à une distance suffisante cherche à y jeter ou bloquer. Deux joueurs sont en présence et conviennent avant chaque coup de la mise qu'ils veulent risquer, 5, 10 ou 15 billes chacun, par exemple, ce qui fait un tout de 10, 20 ou 30 billes que l'on réunit dans la main de celui qui doit le lancer dans la bloquette. S'il parvient à bloquer toutes les billes dans le pot, elles lui appartiennent. Il en devient également possesseur si elles se trouvent en nombre pair dedans et dehors la bloquette. Si, au contraire, il y a dedans et dehors un nombre impair de billes, c'est l'adversaire qui les gagne.

Le pair et l'impair. — Un nombre est pair quand il est exactement divisible par deux, comme 2, 4, 6, 8 et 10, etc. — Il est impair quand il ne peut pas être divisé exactement par deux, comme 1, 3, 5, 7, 9; il en est de même pour les nombres dans lesquels l'un de ces chiffres occupe le dernier rang à droite.

Questionnaire. — De quelle matière les billes sont-elles faites? — Quelle forme ont-elles? — Qu'est-ce qu'un triangle? — Quel est le jeu du triangle? — Décrire le jeu de la bloquette? — Qu'est-ce qu'un nombre pair? — Qu'est-ce qu'un nombre impair?

DÉ A JOUER

LE CUBE. — LE CONE

Le Cube. — Le cube est un solide terminé par six carrés égaux.

Nous prendrons pour exemple le dé à jouer, qui, dans de petites proportions, offre la forme cubique la plus parfaite, puisqu'il a six faces carrées et égales.

Dés à jouer. — Ces petits cubes sont généralement faits en os ou en ivoire. Chacune des six faces se trouve marquée d'un nombre différent de points noirs depuis *un* jusqu'à *six*. — Pour jouer, on agite les dés placés dans un cornet et on les jette sur le tapis.

Cône. — Le cornet a la forme d'un cône, c'est-à-dire que depuis sa base, qui est circulaire, il va en s'amincissant jusqu'à son sommet. Celui-ci doit se trouver sur la perpendiculaire élevée sur le centre de la base. En coupant horizontalement ce sommet on a ce qu'on appelle un *cône tronqué*. C'est la forme donnée au cornet dont on se sert pour secouer les dés. La base du cône, qui est creusée, forme le haut du cornet ; le fond est du côté le plus étroit.

Jeu de dés. — Les dés une fois jetés, on additionne ensemble les points qui se trouvent sur la face supérieure et horizontale de chacun d'eux, et le joueur qui a le plus tôt atteint le chiffre fixé par les conventions gagne la partie.

Les principales parties sont :

Le passe-dix, qui se joue avec 3 dés et qui consiste à amener un ensemble de points dépassant dix. Pour que le coup soit compté, il faut que deux dés marquent le même point.

La Râfle, où les trois dés doivent amener le même point.

Origine. — Le jeu de dés est le plus ancien

de tous les jeux ; les Grecs et les Romains en étaient amateurs. Il fut introduit en France sous le règne de Philippe-Auguste (1180-1223). Le vieux français ne permettait pas de confondre, ainsi qu'on le fait aujourd'hui, l'orthographe de *dé à jouer* avec celui de *dé à coudre*. Il désignait ce dernier par le mot *deel*, et l'on retrouve la manière d'écrire le premier dans un ancien poëme où se lit le vers suivant :

Le dez avec fracas part.

Certainement cette distinction était utile, et la confusion du mot s'est opérée au détriment de la clarté des idées.

Idées générales. — En mettant de côté le résultat ou le prix attaché au gain d'une partie de dés, ce jeu ne comporte en lui-même aucun intérêt. Il n'a même pas, à l'instar de ceux qui lui sont égaux en simplicité, l'avantage d'un exercice quelconque des muscles. C'est pourquoi les dés ne sont guère employés aujourd'hui que pour marquer les points au *tric-trac*, au *jeu d'oie*, etc.

On peut jouer et perdre sa fortune sur un seul coup de dé. Mais tout jeu qui n'a pas pour base le développement de l'intelligence ou des forces physiques, doit être immédiatement répudié, surtout s'il a pour mobile *la cupidité pour un bien mal acquis*, source du déshonneur et de la honte.

Questionnaire. — Qu'est-ce qu'un cube. — Comment est disposé le dé à jouer ? — Qu'est-ce qu'un cône ? — Comment joue-t-on aux dés et quelles sont les principales parties ? — Le jeu de dé est-il ancien ? — A quelle époque fut-il introduit en France ? — Comment, dans le vieux français, écrivait-on *dé à jouer* et *dé à coudre ?*

LE KALÉIDOSCOPE

RÉFLEXION DES MIROIRS. — ILLUSIONS D'OPTIQUE

Un effet d'optique aussi curieux par ses variétés que par la simplicité des causes qui le produisent, est celui du *kaléidoscope*.

Qu'est-ce que le kaléidoscope ?

À coup sûr ce nom semble bien bizarre. Serait-il russe ou chinois ? Ou bien encore serait-il celui de quelque inventeur, honorable industriel de Tombouctou (1) ou de Honolulu (2),

(1) Ville de l'Afrique intérieure.

(2) Iles Sandwich. — Lunalilo, roi (1874), successeur de Kaméaméa V.

4.

qui aurait tenu à passer à la postérité en important parmi nous cet appareil étrange ?

Rien de tout cela !

Ce nom est un composé de trois mots grecs, que les savants ont réunis en un seul et qui signifient *la vue de belles images*.

Description. — Le kaléidoscope est un tube en carton, dont une extrémité qui forme le fond est fermée par un verre dépoli. On introduit dans ce tube une petite pacotille de verroteries ou perles multicolores, ou bien encore quelques petites fleurs artificielles variées qui sont maintenues dans le fond au moyen d'un verre ordinaire transparent. Celui-ci, placé à une distance suffisante pour ne rien serrer sur ce fond, laisse les menus objets se mouvoir, sans cependant se répandre dans la partie supérieure du tube quand on le manie. Deux miroirs inclinés l'un vers l'autre, et par conséquent formant angle, s'étendent dans le sens de la longueur du tube depuis le verre jusqu'à l'extrémité supérieure de l'appareil, qui est fermée par une plaque en carton percée d'un petit trou servant d'oculaire.

Effets. — De cette disposition de miroirs combinée avec l'aspect des objets, il résulte que, si l'on regarde par le petit trou, on apercevra une multitude infiniment variée de dessins multicolores représentés six fois en forme de rosace régulière et produite par la réflexion des petits objets dans les glaces. L'image variera d'aspect, de dessins et de couleurs autant de fois que les objets seront déplacés par le maniement de l'appareil, mais toujours en forme de rosace remplie de dessins symétriques.

Réflexion. — Le phénomène du kaléidoscope se produit áinsi parce que *toutes les fois qu'un rayon lumineux rencontre un obstable à travers lequel il ne pénètre pas, il est renvoyé par cet obstacle en changeant de direction.* C'est ce qu'on appelle la *réflexion.* Les rayons lumineux produits par les objets du kaléidoscope ne pénètrent pas plus les miroirs qu'ils ne pénètreraient une surface de métal poli, mais ils sont renvoyés ou réfléchis. C'est ce qui explique la pluralité des branches de la rosace.

Particularités. — L'attrait du kaléidoscope repose dans la régularité et la multiplicité des figures, qui présentent un aspect des plus agréables à l'œil, quoique résultant d'objets insignifiants et groupés en désordre. Quand le hasard amène un dessin curieux, il ne faut presque plus songer, si on dérange l'appareil, à le revoir jamais, tellement les dispositions des objets sont multiplés et seulement dues au hasard. On a calculé qu'un kaléidoscope pourrait donner des figures toujours différentes les unes des autres pendant plus d'un milliard d'années, en supposant qu'il ne contienne que 25 petits objets et qu'il soit manié de manière à produire un changement par minute !

Usage et origine. — Connu depuis l'an 1560, époque à laquelle le physicien Porta l'inventa, puis perfectionné plus tard par Brewster, le kaléidoscope n'est pas chose rare aujourd'hui chez les opticiens. Il est à remarquer cependant que depuis l'invention du stéréoscope (1) il a été relégué au second plan. Quoi qu'il en soit, les dessinateurs en broderies, tissus de soie ou autres lui reconnaissent une grande utilité, non plus comme amusement, mais comme auxiliaire

____

(1) Voyez *Réfraction*, page 47.

à leur imagination quelquefois aux abois pour trouver un dessin nouveau, une disposition variée qui puisse être représentée. Le kaléidoscope leur en offre par milliers !

Questionnaire. — Qu'est-ce que le kaléidoscope ? — Que signifie ce nom? — Décrire la structure de l'appareil? — Qu'est-ce que la réflexion? — Par quel phénomène se produit l'illusion? — Quelle figure représente la réflexion des objets? — Peut-on obtenir un grand nombre de figures? — Quel usage les dessinateurs font-ils du kaléidoscope ?

LE STÉRÉOSCOPE

RÉFRACTION DES VERRES — ILLUSIONS D'OPTIQUE

Ainsi que le kaléidoscope, le *stéréoscope* peut encore être classé parmi les appareils offrant une illusion d'optique très-curieuse; mais au lieu de reposer sur le phénomène de la réflexion, il est basé sur celui de la réfraction.

Réfraction. — Lorsqu'un rayon lumineux passe d'un corps à travers un autre corps comme l'eau ou le verre, par exemple, sa direction subit brusquement une déviation plus ou moins grande. Le bâton plongé dans l'eau offre l'apparence d'une brisure en vertu du phénomène de la réfraction par l'eau. Le stéréoscope donne l'exemple de déviation ou réfraction par les verres.

Le Stéréoscope. — Cet instrument d'optique a pour objet de faire apparaître en relief deux images planes sous l'apparence d'une image unique.

Conformation. — La dernière forme donnée au Stéréoscope et la plus vulgarisée est celle d'une pyramide tronquée dont la base offre une petite ouverture par laquelle on glisse une double image. La partie supérieure, plus étroite, est munie de deux verres prismatiques à travers lesquels l'observateur considère les images qui se trouvent éclairées par un réflecteur pratiqué sur un des côtés de l'appareil.

Réfraction des verres. — C'est sur la réfraction définie ci-dessus qu'est basée l'illusion produite par le stéréoscope. En effet, les rayons lumineux projetés par l'image, en traversant les verres de l'appareil, subissent une déviation de direction telle quand ils arrivent aux yeux de l'observateur, que si celui-ci regarde un endroit correspondant dans les deux images, cetendroit paraîtra venir d'un même point et d'une seule image. De cette union des deux figures en une seule naîtra l'apparence du relief.

Images. — Pour bien rendre l'illusion, il est nécessaire que chacune des deux images diffère légèrement l'une de l'autre, afin d'offrir à chaque œil la représentation des objets relativement à son point de vue particulier; c'est-à-dire qu'il faut une image faite pour l'œil droit et une autre pour l'œil gauche; car, dans la nature, *nous ne saisissons le relief que parce qu'il nous est donné de considérer un objet sous deux faces différentes.* On croit généralement, mais à tort, que les figures photographiques employées pour le stéréoscope sont identiques. Il n'en est rien, du moins pour celles qui sont convenablement établies, et par la raison qu'il faut que chaque œil perçoive un objet tel qu'il le percevrait dans la nature. C'est pourquoi on a soin de mettre au milieu du stéréoscope une planchette de séparation qui a pour but de ne laisser voir à chacun des deux yeux que l'image faite pour lui.

Effets. — L'effet du stéréoscope est facile

à comprendre quand on songe que tous les dessins imaginables, toutes les vues possibles peuvent être représentés dans cet ingénieux appareil. Ce ne sont plus de simples images qui s'offrent à la vue, mais bien des paysages réels et pour ainsi dire palpables, où chaque maison, chaque arbre se détache sur l'horizon ; où les brins d'herbe sont comptés, les feuilles admirées et détaillées. On peut, sans quitter son fauteuil et sans être atteint de la nostalgie, faire le tour de la Suisse ou du monde entier, ascensionner le dernier pic de l'Himalaya ou descendre au fond d'un précipice insondable. Tantôt c'est la mer en furie qui déroule ses flots écumants ; tantôt c'est la vue d'une assemblée silencieusement recueillie et assistant au service divin sous les voûtes mystérieuses d'une basilique, puis une scène d'intérieur, puis une ruine antique ; tout enfin captive la vue de l'observateur ravi.

Origine. — Le premier stéréoscope fut inventé par l'anglais Wheatstone (1838), mais il était basé sur le système de la réflexion, c'est-à-dire que les images étaient vues dans des miroirs disposés d'une manière spéciale et qui les reflétaient. En 1844, Brewster remplaça les miroirs par les deux moitiés d'une lentille et inventa ainsi le stéréoscope à réfraction. Enfin le stréoscope à verres prismatiques construit par M. Duboscq figura pour la première fois à l'exposition de Londres (1851), et devint l'instrument d'optique le plus en vogue de nos jours.

Questionnaire. — Qu'est-ce que la réfraction ? — Quelle différence y a-t-il entre la réflection et la réfraction ? — Quelle est la structure d'un kaléidoscope ? — Comment sont disposées les images ? — Quel est le phénomène d'optique ou de réfraction produit par les verres du stéréoscope ? — Par quelle cause nos yeux éprouvent-ils la sensation du relief ? — En quelle année le premier stéréoscope fut-il inventé ? — Quels sont les inventeurs des différents genres de stéréoscopes ?

LANTERNE MAGIQUE

LA LUMIÈRE — L'OPTIQUE

La lumière. — La lumière est l'agent qui constitue la visibilité. Elle se manifeste dans le feu et la flamme ainsi que dans le soleil et les étoiles qui sont des *corps lumineux* par eux-mêmes. — Les autres corps ne sont que des *corps éclairés*, c'est-à-dire recevant la lumière des corps lumineux. --- On appelle *corps transparents* ceux au travers desquels la lumière pénètre, et *corps opaques* ceux au travers desquels elle ne peut pénétrer.

La science qui s'occupe de la lumière s'appelle *optique*.

La lanterne magique est un appareil muni

d'un foyer de lumière qu'il réflète d'une manière particulière, après lui avoir fait subir diverses transformations.

Description. — C'est une lanterne ordinaire en fer-blanc, munie d'une lampe dont la lumière est reflétée en avant dans un tube par une espèce de miroir également en fer-blanc et de forme concave, c'est-à-dire, légèrement creusé en forme de cuvette. Ce tube est muni de deux verres ou *lentilles plan-convexes*, bombées d'un côté et entre lesquelles on fait passer une plaque de verre représentant en couleurs vives des sujets variés. La première lentille a pour objet de concentrer tout les rayons lumineux venant soit de la lampe, soit du réflecteur, de façon à les projeter tous sur la plaque de verre pour la bien éclairer. La seconde lentille a pour effet de grandir les images du verre et de les projeter d'une façon séduisante sur une toile blanche bien unie qu'on a soin de placer en face. Par suite d'un phénomène d'optique, produit par la projection de cette lentille, les images seraient reproduites à l'envers sur la toile si, pour éviter cet inconvénient, on n'avait soin, pour les obtenir dans leur sens naturel, de glis-

ser la plaque de verre dans une position ren-
versée.

De plus, il est nécessaire, pour obtenir une
netteté parfaite des images sur la toile, de re-
culer ou d'avancer la lanterne jusqu'au point
où la réflexion devient parfaite. Mais cela n'é-
tant pas toujours possible dans des chambres
exiguës, on a imaginé d'adapter au tube de la
lanterne un autre tube mobile, muni d'un verre
qui rapproche ou éloigne la réflexion des images, ce qui dispense de manier l'appareil.

Tout ceci doit être fait dans une chambre où
règne la plus complète obscurité, ce qui fait
d'autant mieux ressortir la vivacité du tableau.

Tous les sujets peuvent être représentés par
la lanterne magique : des paysages, des monuments, des scènes d'intérieur, etc., et les couleurs peintes sur le verre sont reproduites avec
la plus grande exactitude.

Pièces curieuses à voir ! — La lanterne
magique occupe une petite place parmi les récréations des soirées parisiennes.

A Paris, pendant les longs soirs de l'hiver,
entre huit et neuf heures, on entend souvent

dans les quartiers paisibles les sons d'un orgue
de barbarie se mêler à un cri traînant et mono-
tone poussé par intervalles : « *Lanterne magique, pièces curieuses à voir ! ! !* » C'est un
modeste industriel qui, moyennant quelques
sous, monte, chez les bourgeois, avec son appareil, pour distraire les enfants de la maison.

Son appel a surexcité la curiosité du petit
monde ; de toutes parts, les mères sont sollici-
tées pas les gentils babillards : « Petite mère,
veux-tu que l'on fasse monter la lanterne magique ? » — « Oui, si vous promettez d'être
moins bruyants et plus sages. » Et la troupe
promet et tient parole, aussi longtemps qu'elle
entrevoit l'appât du plaisir.....

Tout est préparé .... la séance commence.

Les enfants, assis en demi-cercle, entourent
l'opérateur, dont la narration va les transporter
en présence des personnages merveilleux re-
naissant au milieu des décors de mille paysages fantastiques !

Écoutez-le enfler sa voix traditionnellement
nazillarde et commettre des fautes de langage
accompagnées d'anachronismes que l'on doit

excuser, car le pauvre homme a dû gagner sa vie bien jeune et n'a rien pu dépenser pour s'instruire.

« Ceci, dit-il, vous représente le matin de la bataille d'Austerlitz ; les lignes jaunes qui figurent derrière ce champ, ce sont les rayons du soleil qui, ce jour-là, s'est levé d'une manière *espéciale* (1). Les Français, qui sont sûrs de leur affaire, vont venir tout à l'heure battre les Espagnols ! — (2).

« *Changement !* — Ceci vous représente le passage de l'Elster à cheval par Poniatowski ! Ce héros polonais, nommé maréchal de France à la bataille de Leipzig, préfère s'ensevelir dans les flots plutôt que de se rendre aux cosaques. Vous le voyez au moment où il n'est plus visible... que par la tête ; le reste du corps est submergé avec son cheval. Honneur au courage malheureux !

« *Changement !* Ceci vous représente le passage du Mont-Saint-Bernard. Le petit homme que vous voyez à cheval est le grand Napoléon.

----

(1) Spéciale.
(2) Battre les Autrichiens et les Russes, 1805.

« *Changement !* Ceci vous représente le joli Petit Chaperon Rouge qui porte de la galette. La vilaine bête qui la guette n'est autre que compère le Loup. — Monsieur Perrault a fait manger le petite fille par le loup ; moi, je fais manger la galette. — Voyez, vous êtes servis; regardez comme le loup se régale pendant que le Petit Chaperon se sauve !

« *Changement !* Ceci vous représente Cadet Rousselle. Il arrive escorté de ses créanciers.

> Cadet Rousselle a trois deniers.
> C'est pour payer ses créanciers.
> Quand il a montré sa ressource
> Il la remet dedans sa bourse.
> Ah ! oui vraiment
> Cadet Rousselle est bon enfant.

« Mes bons amis, ne l'imitez pas et dédommagez de sa peine le vieux montreur (1) de lanterne magique. »

La séance est finie, on couche dans de bons petits lits bien chauds les enfants, qui pensent

---

(1) Mot consacré.

encore au Petit Chaperon Rouge, tandis que le brave homme, dont la femme et les enfants attendent le retour pour acheter le pain du lendemain, reprend sa course et, malgré le vent qui le glace et la pluie qui le mouille, il recommence à crier dans la rue : « *Lanterne magique ! pièces curieuses à voir !* »

Origine. L'invention de la lanterne magique remonte à plus de deux cents ans. Ce fut le Père Kercher, jésuite, qui, en 1645, inventa et confectionna le premier appareil. Inutile de dire si ce passe-temps aussi pittoresque que curieux fut goûté de tout le monde, petits et grands.

Questionnaire.— Qu'est-ce qu'une lanterne magique et comment les accessoires qui la composent sont-ils disposés ? — Quelle est l'utilité de la première lentille et celle de la seconde ? — Quel est le résultat obtenu pour la réflexion des images, après différents passages à travers les lentilles ? — Comment doit-on introduire les plaques de verre coloriées ? — Tous les sujets peuvent-ils être représentés par la lanterne magique ? — Quel fut l'inventeur de cet appareil ?

LE BILBOQUET

L'ÉQUILIBRE

Il est peu de personnes qui n'aient eu en main un bilboquet, mais peu aussi savent y jouer; car c'est un des jeux qui exigent le plus d'adresse.

Le *bilboquet* est composé de deux pièces : la première consiste en un bâtonnet aminci d'un bout, concave de l'autre ; la seconde est une boule percée d'un trou juste assez large pour recevoir la partie amincie du bâtonnet. L'un et l'autre sont réunis par un cordonnet.

Manière de jouer. — Lorsqu'on tient presque verticalement le bâtonnet la pointe en l'air, en laissant la boule suspendue au-dessous de lui, le talent consiste à faire décrire à la boule une courbe en l'air assez calculée pour la faire revenir d'un coup de poignet sur la pointe du bâtonnet, où elle reste fixée. Voilà la première difficulté.

Autre manière de jouer. — On emploie aussi une autre manière de jouer qui n'est pas sans avoir des amateurs. Comme la première, elle exige de l'adresse, mais avec une complication d'équilibre. Elle consiste à offrir à la boule le côté concave du bâtonnet au lieu de la pointe. C'est sur cette partie creusée en forme de petite cuvette qu'il s'agit de la faire retomber, et elle ne peut s'y maintenir que si le mouvement qui lui est donné est bien calculé dans la courbe et l'équilibre bien observé.

L'équilibre. — L'équilibre n'est autre chose que la position observée par un corps influencé par deux ou plusieurs forces qui se neutralisent. On reconnaît qu'un corps est en équilibre quand la perpendiculaire tirée du centre de gravité (voyez ce mot page 79) passe par la base de ce corps. Tous les corps abandonnés à eux-mêmes sont entraînés par leur centre de gravité

vers une position dans laquelle il leur est permis
de conserver leur équilibre. Il en est de même
pour la boule du bilboquet; mais si on ne lui
donne pour se poser qu'une surface très-res-
treinte, comme par exemple le bout concave du
bâtonnet, elle tendra à retomber plus bas, tantôt
à droite, tantôt à gauche, sollicitée et entraînée
qu'elle sera par son centre de gravité qui réside
vers son milieu. Il faut alors pour la maintenir
faire manœuvrer le bâtonnet de manière à l'op-
poser aux tentatives de chute et à le mener
toujours dans la direction perpendiculaire au
centre de gravité; de cette façon la stabilité se
maintiendra.

Plus la base sur laquelle repose un corps est
restreinte, plus l'équilibre est difficile à imposer
à ce corps, parce que les forces dont il reçoit
l'influence pour le précipiter tantôt d'un côté,
tantôt de l'autre trouvent peu d'obstacles. Donc,
quand ces forces se neutralisent en luttant l'une
contre l'autre, la perpendiculaire peut être me-
née du centre de gravité à la base, et l'équilibre
se trouve ainsi établi.

Le bilboquet est généralement fait de bois
dur ou d'ivoire. Quant à sa grosseur, elle varie

beaucoup et atteint quelquefois celle d'une tête d'enfant pour la boule, avec un bâtonnet proportionné ; le tout pouvant bien peser 5 et 6 kilog. C'est un jeu d'adresse qui réclame tout à la fois autant de force que de légèreté dans la main, ainsi qu'une grande justesse de mouvement. La pratique seule peut faire un bon joueur.

Le Bilboquet de Henri III. — L'invention du bilboquet, ainsi que son origine, sont inconnues ; elles n'offriraient au surplus qu'un intérêt médiocre. Ce ne fut que sous le règne de Henri III (1574-1589) que ce passe-temps fit son apparition. A cette époque, le bilboquet devint d'autant plus en vogue, que non-seulement il figura parmi les récréations des jeunes seigneurs de la cour, mais encore le roi lui-même, pris de passion pour ce jeu, portait souvent à sa ceinture un bilboquet, dont il préférait parfois le cordon aux rênes du gouvernement.

Le duc d'Épernon, son favori, étant parvenu aux plus hautes dignités du royaume en très-peu de temps, le peuple railla bientôt cette élévation subite et peu justifiée en disant de lui : « Il est très-fort au bilboquet. »

Questionnaire. — Décrire la structure du bilboquet? — Combien y a-t-il de manières de jouer? — Quelle différence y a-t-il, au point de vue physique, entre l'une et l'autre manière ? — Qu'est-ce que l'équilibre ? — Quand reconnaît-on qu'un corps est en équilibre ? — Quelle est l'origine du jeu de bilboquet ou à quelle époque voit-on apparaître le bilboquet ? — Quelle est la date du règne de Henri III ?

LES BALLONS

L'AIR ET LE GAZ

L'air est le fluide léger qui nous entoure et que nous respirons. Vu en petite quantité, il paraît incolore ; mais lorsqu'il est pur et en grande masse, il est bleu. C'est pourquoi l'espace qui est au-dessus de nos têtes offre à nos regards cette espèce de rideau magnifique dont la couleur est d'autant plus bleue que l'absence de nuages est plus complète.

L'air entoure de tous côtés la terre comme une espèce d'enveloppe d'une épaisseur considérable, mais qui a cependant une limite hors de laquelle l'homme ne saurait vivre. C'est cette enveloppe qu'on nomme atmosphère. Sa limite, toute déterminée qu'elle est, puisqu'on l'évalue à 60 kilomètres environ de la terre, ne se traduit pas brusquement, mais à partir d'une certaine élévation, elle se fait pressentir petit à petit par une absence d'air de plus en plus prononcée. Celui-ci, malgré sa légèreté apparente, a cependant un poids assez considérable et qui se manifeste de mille manières dans des proportions exactement connues.

Ce serait une grande erreur de croire que rien n'est plus léger que l'air. Il existe un autre fluide dont la pesanteur est bien moindre, c'est le gaz hydrogène. Celui-ci s'obtient au moyen d'une opération chimique assez simple, mais que nous ne détaillerons pas ici. Il suffit de savoir que ce gaz est quatorze fois et demi plus léger que l'air. On en obtient la preuve la plus frappante et la plus intéressante par l'expérience des ballons à gaz qui s'élèvent dans l'espace.

Confection du ballon à gaz. — Le ballon est une poche en tissu mince ou en baudruche de forme sphérique et gonflée de gaz, tout comme le ballon à jouer est gonflé d'air (voyez *Sphère*). Il n'offre aux enfants d'autre distraction que celle de voir s'élever dans les airs ce qu'ils

tenaient naguère entre leurs mains et qu'ils con-
tinuent à maintenir au moyen d'un fil, à une
hauteur quelconque et au gré de leurs caprices.

Comme jouet il n'excède guère la grosseur
de la tête ; mais quand sa dimension atteint la
hauteur d'une maison de deux à trois étages
et une largeur presque aussi considérable, il
prond le nom d'aérostat et sert aux hommes
pour faire des voyages aériens. Dans ce cas,
il est confectionné en taffetas cousu avec soin
et recouvert d'un enduit spécial qui le rend
imperméable. Sa forme, tout en conservant la
sphéricité dans le haut, est plus allongée dans
le bas, ce qui lui donne l'apparence d'une poire
immense dont la queue serait en bas. Le ballon
est retenu par un filet qui l'entoure tout entier
et dont les mailles se prolongent en bas pour
se nouer à de fortes cordes qui s'adaptent à la
nacelle où est placé l'aéronaute. — La nacelle
représente une sorte de panier d'osier.

Ascension. — Tout corps plongé dans l'air
ou dans un fluide quelconque perd de son poids
une quantité égale au poids du volume de fluide
qu'il déplace. Si le poids de ce corps est moindre
que celui dudit volume d'air ou de fluide, le

corps s'élève et reçoit une poussée de bas en haut égale au poids du volume d'air ou du fluide qu'il a déplacé. C'est en vertu de ce principe physique (1) que le ballon s'élève dans l'espace. En effet, bien que son poids, celui de la nacelle et des voyageurs qu'elle contient, soit considérable, si le ballon est gros et contient une grande quantité de gaz, il déplace beaucoup d'air, et le tout sera encore plus léger que le poids du volume d'air déplacé.

Origine. — Les ballons sont connus depuis 1783, époque à laquelle les frères Montgolfier firent la première ascension. Pour gonfler leur ballon, ils se servaient d'air chaud, plus léger que l'air ordinaire ; on y substitua bientôt l'hydrogène et enfin on emploie aujourd'hui pour les aérostats le gaz d'éclairage, plus lourd que le gaz hydrogène, mais toujours plus léger que l'air.

Idées générales. — Le voyage dans l'espace est certainement ce qui excite le plus la curiosité de l'homme. L'inconnu offre à son esprit toujours chercheur un intérêt des plus vifs.

(1) Principe d'Archimède, savant de l'antiquité.

Qui n'a pas lu avec charme les relations des voyages aériens décrits par les hommes intrépides qui ont affronté les nuages? Le ciel prend dans ces hautes régions une teinte uniformément noirâtre, et le silence absolu qui y règne présente aux sens étonnés l'idée d'un insondable abîme. Le Maître de l'univers semble dire à sa faible créature : « Je me réserve les grands secrets des mondes célestes, tu n'iras pas plus loin...! »

L'art de diriger les ballons n'est pas encore connu, et il faut espérer que, s'il n'est permis au génie de l'homme de ne s'élever que jusqu'à la surface où l'air devient rare, il pourra du moins un jour se diriger à sa volonté dans cet espace limité.

Questionnaire. — Qu'est-ce que l'air? — Qu'est-ce que l'atmosphère? — Quelle est l'épaisseur de l'atmosphère? — Quelle est la couleur de l'air? L'homme peut-il vivre sans air? — Le gaz est-il plus léger que l'air? — Qu'est-ce que le ballon? comment est-il confectionné? — En vertu de quel principe le ballon s'élève-t-il dans les airs? — Dire quel est le phénomène physique qui s'opère dans l'ascension d'un ballon? — Peut-on se diriger dans l'air?

LA BALANÇOIRE

CHUTE DES CORPS. — OSCILLATION
MOUVEMENT PERPÉTUEL. — LE PENDULE

Définition. — Il est peu d'enfants qui, à la campagne, ne se soient amusés à se construire une balançoire : une tablette en bois suspendue par une corde à chacune de ses extrémités, et la chose est faite. Cependant les conditions d'un établissement parfait ne sont pas toujours observées, et si, par exemple, on attache chacune des cordes à un arbre, il est nécessaire que ces cordes frottent le moins possible contre les branches, ce qui entraverait la régularité du balancement, ou de *l'oscillation*.

Chute des corps. — Tous les corps sont attirés vers le centre de la terre, et si, par un mouvement quelconque, on les dérange de la place naturelle que cette force physique leur fait occuper, ils y reviendront aussitôt. Telle est une pierre soulevée et qui retombe immédiatement à terre quand les mains l'abandonnent; la balle lancée en l'air offre le même exemple. C'est ce qui explique la raison pour laquelle une balançoire dérangée de sa position naturelle verticale tend toujours à y revenir, et pour entretenir le mouvement qu'on veut lui donner, on est obligé de lui communiquer une force d'impulsion renouvelée de temps en temps. Si elle ne revient pas du premier coup dans sa position verticale, c'est parce qu'elle a acquis dans son mouvement de haut en bas une force qui lui fait dépasser le point que lui fixe sa pesanteur; mais on remarquera que sa course sera chaque fois de moins en moins longue jusqu'au moment où elle restera immobile dans sa position première.

Oscillation. — **Mouvement perpétuel.** — Pour obtenir une oscillation prolongée, il faut que l'impulsion communiquée à la balançoire soit favorisée par l'isolement le plus complet possible des cordes. Pour cela, il est bon de les suspendre à une poutre horizontale soutenue par des montants assez éloignés pour qu'elles ne puissent les toucher. Si, à son tour, le point d'attache qui relie les cordes à la poutre est assez aisé, on aura une balançoire bien conditionnée, et l'impulsion à donner pour la faire marcher pourra être moins fréquente et par conséquent moins fatigante. Toutefois, il ne faut pas croire qu'elle devienne inutile, car la meilleure balançoire ne saurait marcher toujours une fois qu'elle est mise en mouvement, à cause de ce même point d'attache qui, tout parfait qu'il puisse être, offre nécessairement un frottement plus ou moins fort. C'est justement la raison qui fait que le mouvement perpétuel n'existe pas, parce qu'il n'y a pas de mouvement sans frottement et sans usure, et que le frottement ralentit le mouvement.

Le Pendule. — Partant de ce principe, que plus le point d'attache est fin, moins il offre de prise au frottement, on a imaginé de suspendre un poids à un fil pour obtenir un mouvement prolongé. En effet, quoique le poids attire le fil dans la direction du centre de la terre, et par ce fait le tienne tendu, si on lui donne un mouvement d'oscillation, il oscillera plusieurs jours avant de revenir dans la position immobile et perpendiculaire, tout simplement parce que le frottement du fil sur l'axe qui le soutient est imperceptible. C'est cet appareil, dont la construction semble primitive, qu'on appelle *Pendule*. Le pendule a servi de modèle pour faire le balancier des horloges et leur communiquer un mouvement relativement très-prolongé, ce qui dispense de les remonter chaque jour.

Le système du balancier est donc celui de la balançoire, mais avec la perfection décrite ci-dessus. Quand le fil de suspension est long les mouvements d'oscillation sont lents, parce que le poids a plus d'espace à parcourir ; c'est ce qui fait quelquefois retarder une horloge. Dans ce cas, il n'est besoin que de raccourcir la longueur du balancier pour la faire avancer ou marcher plus vite.

Questionnaire. — Quelle est la structure d'une balançoire ? — Quelles sont les conditions nécessaires pour la bonne confection d'une balançoire ? — Quelle est la direction naturelle des corps ? — Qu'est-ce qui arrête le mouvement de la balançoire ? — Le mouvement perpétuel est-il possible ? — Qu'est-ce que le pendule ? — Quelles sont les raisons qui favorisent le plus ou moins de continuité du mouvement ? — Quel rapport y a-t-il entre le pendule et le balancier d'une horloge ? — Quelle est la raison pour laquelle le pendule marche plus longtemps qu'une balançoire ? — Quelles sont les causes qui font retarder ou avancer une horloge ? — Quel est le remède à apporter dans l'un et dans l'autre cas ?

LE VOLANT

CENTRE DE GRAVITÉ

C'est toujours du côté du beurre que tombe la tartine ; c'est du côté du liége que tombe le volant, et cela en vertu de la loi physique qui veut qu'un corps soit toujours entraîné du côté de sa partie la plus lourde.

Le volant. — Le volant est un petit cône de liége, recouvert d'étoffe ou de peau et dont le bord est percé de petits trous dans lesquels on fixe des plumes. Ce léger objet se lance en l'air et les joueurs se le renvoient de l'un à l'autre au moyen de raquettes. La raquette se compose de cordes à boyau tressées en petits càrrés et fixées à un cadre en bois presque ovale et pourvu d'un manche.

Analyse physique du volant. — Les plumes ne sont pas un simple ornement du volant, mais elles sont destinées à en équilibrer la direction. Ainsi, un volant lancé par le coup de raquette le plus vigoureux ne peut parcourir qu'une distance relativement petite à cause des plumes qui modifient sa course en présentant à l'air une certaine résistance. Ce sont encore les plumes qui donnent la régularité à ses mouvements, et si quelques-unes venaient à lui manquer, il chavirerait en penchant du côté qui n'est pas dégarni, et offrirait à la raquette tantôt le liége, tantôt le côté opposé.

Dans ce cas, il suffit, pour y apporter remède, soit de remettre des plumes, soit d'espacer également celles qui restent, ce qui suffirait pour rétablir l'équilibre et offrir à l'air la résistance proportionnée qui existait auparavant.

Centre de gravité. — Tous les corps possèdent un point sur lequel pèse tout le reste de leur poids pour les précipiter dans la direction du sol. Ce point de réunion de la pesanteur s'appelle centre de gravité.

Dès qu'un volant lancé en l'air est arrivé à l'extrémité de sa course, il se retourne brusquement pour retomber sur la raquette en lui présentant toujours le côté du liége, parce que c'est en lui que se concentre le poids de tout l'appareil et que c'est ce même côté qui avec l'étoffe ou la peau dont il est garni constitue la partie la plus lourde. Autrement dit, le poids des plumes et celui du liége se réunissent en un point déterminé qui est le centre de gravité par lequel le tout est entraîné vers la raquette dans le sens voulu. Par conséquent, si, comme il est dit plus haut, par suite de l'absence de quelques plumes, le volant venait à vaciller, c'est que son centre de gravité serait déplacé par cette irrégularité de pesanteur pour se porter sur un autre point.

Le jeu du volant ne manque pas d'une certaine grâce, et l'exercice de la raquette habitue la jeunesse à la justesse de coup d'œil et des mouvements.

Questionnaire. — De quel côté tombent tous les

corps ? — Décrire le volant ? — A quoi servent les plumes dans le volant ? — Quel est le remède à apporter lorsqu'un volant est détérioré ? — Quelle amélioration apporte-t-on en espaçant régulièrement les plumes du volant ? — Qu'est-ce que le centre de gravité ? — Où se trouve le centre de gravité du volant ? — Dans quelle circonstance change-t-il de place ?

LES CARTES A JOUER

UN PEU D'HISTOIRE

Le roi de tous les jeux est le **jeu des cartes.** C'est celui qui offre le plus de variété et qui, malgré les jeux nouveaux, les inventions de tous genres, malgré la succession des siècles et des habitudes, continue à être pratiqué partout, toujours et dans toutes les classes de la société. Il est composé de petites cartes d'égale grandeur et au nombre de cinquante-deux. Sur les unes, sont figurés des rois, des dames et des valets, et les autres ne représentent que de simples points de un (*as*) à dix appelés *pique, cœur, carreau* et *trèfle.* Le jeu appelé *jeu de piquet* ne renfermant ni les deux, ni les trois, quatre, cinq et six, ne contient que trente-deux cartes.

Différentes manières de jouer. — Il existe plus de quatre-vingts manières de jouer avec les cartes. Les principaux jeux sont : *le whist, le piquet, le besigue, la mouche, la bouillotte, l'impériale, le mistigris, le trente-et-un, le nain-jaune*, etc., etc., etc. Chacun de ces jeux est une bataille qu'on se livre entre deux ou plusieurs adversaires, en suivant des règles, marches et contre-marches diverses.

Origine. — Le jeu des cartes remonte à la plus haute antiquité. Il paraît certain, aujourd'hui, qu'il était connu des Chinois et qu'il nous vient de l'Asie, comme le jeu d'échecs, dont, au surplus, il était la représentation dans l'origine. Ce fut chez les Espagnols qu'il fut importé pour la première fois en Europe. Ceux-ci, tout-puissants à cette époque, le répandirent en Italie, puis en Allemagne. La France fut la dernière dotée et les cartes n'y furent importées que vers l'époque où Duguesclin revint d'Espagne (1370), après avoir combattu en faveur d'Henri de Transtamare contre Pierre le Cruel, dans la lutte de ces deux princes pour le trône de Castille.

Cette apparition se fit donc sous le règne

de Charles VI (1380-1422). C'est pourquoi quelques historiographes y ont fait remonter l'origine et l'invention du jeu de cartes ; mais c'est un tort aujourd'hui reconnu. Les cartes représentent, il est vrai, des allégories purement françaises, mais il n'en était pas ainsi des premières dont on se servit en France, et le fameux jeu de cartes qui fut donné à la princesse Odette pour distraire le pauvre roi Charles VI, malade et fou, ne représentait qu'une suite de devises, de maximes et d'emblèmes philosophiques.

Cette princesse, que les chroniqueurs du temps appellent la *gentille Odette*, avait été placée auprès du Roi par Jean sans Peur, chef du parti Bourguignon, dans le but de gagner Charles VI à cette cause en profitant de sa démence. Mais la jeune fille, loin de servir les projets perfides des ennemis du Roi, qui par leur guerre civile encourageaient l'invasion des Anglais en France, les fit échouer plus d'une fois et resta le bon ange du malheureux souverain.

Dans une fête masquée donnée à l'hôtel Saint-Paul par Isabeau de Bavière, la reine, un incendie s'étant allumé soudain au milieu des réjouissances, Odette sauva la vie à son roi en l'étreignant dans ses bras pour étouffer les flammes qui atteignaient déjà ses vêtements. L'histoire laisse planer sur cet événement des doutes sinistres : les mains des Anglais et de la Reine elle-même n'y furent, dit-on, pas étrangères. Charle VI sauvé, Odette continua près de lui ses fonctions de dévouement et d'amitié et le consola dans ses moments d'angoisses. Le premier jeu de cartes prit ici sa place parmi les distractions qu'elle s'efforça de prodiguer au Royal Insensé. Son dévouement fut bientôt admiré par le peuple, qui la récompensa en appelant l'amie du Roi « la petite Reine. »

Ce ne fut que sous le règne suivant, c'est-à-dire sous Charles VII (1422-1461), que les allégories représentées par les cartes furent adaptées aux faits ou plutôt aux personnages du temps. Elles devinrent ce qu'on appelle les véritables cartes françaises, et, chose assez singulière, leur physionomie n'a, pour ainsi dire, pas changé depuis ce temps jusqu'à nos jours. Le tableau suivant indique la signification de chacune d'elles, en faisant ressortir qu'elles illustrent pour la plupart le règne de Charles VII.

NOMS DES CARTES	NOMS DES FIGURES	SELON LE PÈRE MÉNESTRIER, Savant jésuite 1600	SELON LE PÈRE DANIEL, JÉSUITE HISTORIEN 1670 — EXTRAIT DE L'*Arbitre des jeux* (MÉRY)	SELON LAROUSSE (*Dictionnaire universel*)	VARIANTES	HISTOIRE
Roi de cœur	Charlemagne.	Noblesse.	Ces quatre grands généraux sont à la tête de quatre armées pour signifier que, quelque nombreuses et quelque braves que soient les troupes, elles ont besoin de chefs prudents, courageux et expérimentés. La vie de ces chefs est précieuse; il ne faut pas qu'ils tombent aux mains de l'ennemi; d'où vient qu'au piquet, ayant à soutenir une rude attaque, la chose importante est de donner des gardes aux rois.	Charlemagne représente la Monarchie Française.		Charlemagne, roi de France, 754-814 après J.-C.
Roi de pique	David.	Id.		David id. Juive.	David représente Charles VII, dont le fils Louis XI serait un autre Absalon.	David, roi d'Israël, 1056-1016 avant J.-C.
Roi de carreau	César.	Id.		César id. Romaine.		César, empereur romain, 59-44 avant J.-C.
Roi de trèfle	Alexandre.	Id.		Alexandre id Grecque.		Alexandre, roi de Macédoine, 336-323 avant J.-C.
Dame de cœur	Judith.	Id.	Isabeau de Bavière, mère de Charles VII.	Femme de Louis le Débonnaire (814-840).	Mère de Charles VII.	Isabeau de Bavière, femme de Charles VI. — Ce prince étant tombé en démence (1393), elle fut nommée à la tête d'un conseil de régence dont faisaient partie le duc d'Orléans, frère du roi et Jean sans Peur, duc de Bourgogne. — Elle eut pour fils Charles VII.
Dame de pique	Pallas	Id.	Jeanne d'Arc.	Jeanne d'Arc, à qui Charles VII fut redevable de son trône et que, par reconnaissance, il fit figurer dans les cartes sous le nom de la déesse de la guerre.		Jeanne d'Arc (1429-1431) sauva la France de la domination des Anglais. — Charles VII lui fut redevable de son trône. Elle mourut prisonnière et brûlée sur le bûcher par les Anglais, à Rouen (1431).
Dame de carreau	Rachel.	Id.	Agnès Sorel, dame de la Cour de Charles VII (1431).	Agnès Sorel, dame de la cour de Charles VII.		
Dame de trèfle	Argine.	Id.	L'anagramme d'Argine est Régina-Marie d'Anjou, femme de Charles VII.	Anagramme de Régina-Marie d'Anjou, femme de Charles VII.		
Valet de cœur	Lahire.	Id.	Capitaine renommé sous Charles VII.	Étienne de Vignoles, qui servait sous Charles VII.		Étienne de Vignoles, connu sous le nom de Lahire, était un des plus vaillants capitaines de Charles VII. Ennemi acharné des Anglais, il se distingua à la bataille de Patay (1429). Il tenta de délivrer Jeanne d'Arc qui allait être brûlée à Rouen, mais fut fait prisonnier. — Il s'échappa et mourut quelque temps après de ses blessures.
Valet de pique	Ogier.	Id.	Preux de Charlemagne.	Ogier le Danois, un des preux de Charlemagne.		Oger ou Ogier, un des paladins les plus célèbres sous Charlemagne. Il n'est bruit que de ses exploits dans les romans de chevalerie du moyen âge.
Valet de carreau	Hector.	Id.	Capitaine de distinction sous Charles VII.	Un des officiers de Charles VII qui devint, sous le même nom d'Hector, capitaine de la grande garde sous Louis XI.		
Valet de trèfle	Lancelot.	Id.	Preux de Charlemagne.	Fameux Lancelot du Lac.		Héros d'un roman célèbre du moyen âge. Il fut un des douze chevaliers de la Table Ronde. Après avoir perdu son père, roi de Brucie, on prétend qu'il fut élevé par la fée Vivianne, surnommée la Dame du Lac.
Les as			En latin, nom d'une pièce de monnaie. Les as au piquet ont la primauté même sur les rois, pour montrer que l'argent est le nerf du gouvernement et surtout de la guerre, et que lorsqu'un roi en manque, sa puissance est éphémère.			
Différents points de cœur		Gens d'église.	Les cœurs représentent le courage des chefs et des soldats.	Symbole du courage.		
Différents points de pique		Gens de guerre.	Les piques et les carreaux rappellent que les magasins d'armes et arsenaux doivent être toujours bien garnis. Tout le monde connaît l'arme appelée pique; quant aux carreaux, c'étaient de lourdes flèches à fer carré qu'on lançait avec l'arbalète.	Gens de guerre. Figurent les armes et munitions.		
Différents points de carreau		Bourgeoisie.				
Différents points de trèfle		Paysans.	Trèfle. — Herbe si commune dans les prairies, rappelle qu'un habile capitaine ne doit pas faire camper son armée dans un lieu où le fourrage peut lui manquer.	Fourrages.		

Jacquemin Gringonneur fut un des premiers peintres qui confectionnèrent les cartes, et les écrits du temps nous ont transmis son nom comme ayant illustré celles dont se servit Charles VI.

Il y eut dans la suite, à la cour de Henri II, quelques jeux de cartes brodés sur satin blanc. Sous Louis XIV, il y en eut aussi de sculptés sur nacre ; mais ce fut l'exception, et elles sont encore aujourd'hui ce qu'elles étaient sous Charles VII, c'est-à-dire faites sur carton mince.

Questionnaire. — A quelle époque les cartes furent-elles introduites en France? — Quelle en est l'origine et de quel pays ce jeu vint-il en Europe? — Dire la date du règne de Charles VI? — Quelle fut la femme de Charles VI? — Que fit-elle pendant la maladie du roi? — Qu'alla faire Duguesclin en Espagne. — En quelle année revint-il? — Dire la date du règne de Charles VII? — Quelle fut la mère de Charles VII? — Quelle fut sa femme? — Quelle fut la femme qui illustra le règne de Charles VII et en quelle circonstance? — Date de la mort de Jeanne d'Arc? — Qu'est-ce qu'Étienne de Vignoles? — Quel est le roi le plus ancien, de Charlemagne, David, César, Alexandre? — Citez les règnes des trois autres par ordre chronologique.

CACHE-TAMPON

L'OUIE. — ONDES SONORES. — LE SON.

Un jeu qui en vaut bien un autre, c'est le jeu du *cache-tampon*; et si l'on considère le temps qu'il a déjà fait passer agréablement non-seulement aux enfants, mais encore aux grandes personnes que l'intimité réunit, on ne le mettra certainement pas le dernier parmi les jeux amusants.

Dans un cercle de plusieurs personnes, quelqu'un choisi par le sort s'éloigne un instant, et revient après afin de se mettre à la recherche d'un objet quelconque qu'on a placé pen-

8.

dant son absence ou plutôt caché dans quelque endroit de la pièce où sont réunis les joueurs. L'objet est désigné d'avance et connu de celui qui doit le découvrir. Ce n'est pas tout : une autre personne initiée au secret a pour mission de frapper sur quelque corps sonore afin de guider le chercheur par le son et l'aider à trouver. L'usage, dans ce jeu de famille, a consacré l'emploi d'une pincette, dont on fait vibrer les branches en les frappant avec une clé pour indiquer au chercheur la marche qu'il doit suivre. S'il est éloigné de l'objet, le conducteur ne tire de son instrument d'un nouveau genre que quelques tintements légers; si au contraire il s'en rapproche, on agitera la pincette en proportion et les battements seront d'autant plus forts et précipités que l'objet sera sur le point d'être trouvé et saisi.

Comme on le voit par sa description, ce jeu est peu de chose en lui-même, et on se demande comment et combien il peut amuser de personnes à la fois. La seule réponse à faire à cette question est de conseiller d'en faire l'expérience. Les visages souriants des spectateurs, les rires occasionnés par les bévues d'un homme qui cherche, la gaieté qui en résulte convaincront les incrédules et leur feront bientôt trouver que ce jeu est aussi simple qu'amusant.

Comme on le voit, le *cache-tampon* est à la portée de toutes les intelligences, mais à condition que la *vibration* de la pincette sera produite comme il convient, afin de parvenir aux oreilles du chercheur au moment opportun.

Le son. — Le son est le résultat d'un mouvement de vibration imprimé à un corps et transmis par les ondes sonores de l'air jusqu'à l'*ouïe* qui en reçoit l'impression. C'est ainsi que le son produit par la vibration de la pincette arrive successivement jusqu'aux oreilles du joueur.

Les ondes sonores de l'air se produisent d'une manière absolument analogue aux ondes circulaires offertes par l'eau à sa surface quand on y jette une pierre. Ces rides se forment depuis le point où la pierre entre dans l'eau et vont en s'élargissant de plus en plus, mais en perdant de leur épaisseur. Il en est de même de l'air, qui, à partir du point où se produit n'importe quel son, a, comme les ondes de l'eau, des replis qu'on appelle pour cette raison *ondes sonores*. Celles-ci arrivent successivement à l'oreille extérieure d'abord, qui n'est faite que pour les recueillir et renforcer le son, après quoi elle les transmet jusqu'à une petite membrane mince et tendue appellée *Tympan*, qui se trouve au fond de l'oreille et qui propage le son jusqu'à l'oreille interne, où a lieu la véritable audition.

Questionnaire. — Quelle est la condition essentielle pour guider le joueur dans le jeu du cache-tampon ? — Qu'est-ce que le son ? — Qu'est-ce que les ondes sonores ? — Comment se produisent-elles et quelles diverses transformations subissent-elles avant d'arriver à l'ouïe ? — Qu'est-ce que le tympan ?

SAUT A LA CORDE

LE CHANVRE.

Le saut à la corde est l'exercice le plus répandu parmi l'enfance, et il faut considérer comme un grand bien l'affection que les écoliers lui témoignent, car il favorise chez eux le développement des muscles et l'habitude de la fatigue. Cependant, ainsi qu'il en est de toutes choses, même des meilleures, il ne faut pas en user d'une manière exagérée, car cet excès deviendrait alors plus pernicieux que profitable.

Une corde fait tous les frais du jeu dont voici la description :

On distingue la *petite corde* et la *grande corde*. La première ne peut donner lieu qu'à un exercice assez uniforme, consistant à faire tourner la corde autour du corps, chaque main la tenant par un bout, de manière à la projeter en arrière au-dessus de la tête et la faire revenir en avant par dessous les pieds, en ayant soin de les lever en sautant, et ainsi de suite. Le talent consiste à faire de cette façon le plus de tours possible sans s'arrêter et avec une vitesse proportionnée à l'agilité des jambes et à la vigueur des poignets. L'art suprême dans cet exercice, est de faire passer avec rapidité deux fois la corde sous les pieds pendant le court moment où le corps est en l'air ; cela s'appelle faire des doubles tours.

La grande corde a sur la petite l'avantage de laisser le joueur libre de ses mains ; deux personnes la tiennent chacune par un bout et la font tourner de manière à ce qu'elle effleure le sol à chaque tour ; de sorte que le joueur, n'ayant plus à s'occuper que de lui, peut se livrer à une certaine variété d'exercices. Tantôt il entre hardiment dans le jeu en saisissant le premier instant où la corde est en l'air et saute soit sur un pied, soit sur deux, ayant soin d'éviter continuellement de la tête et des pieds le passage de la corde qui tourne toujours; tantôt il se borne à traverser rapidement la ligne où elle fait ses évolutions; tantôt enfin, deux ou plusieurs joueurs s'élancent dans le jeu et sautent de concert aussi longtemps que la fatigue ou la maladresse de l'un d'eux arrête la corde dans sa marche.

Fabrication de la corde. — Le chanvre. — C'est de la grosseur de la corde que dépend le nom qu'on lui donne. La plus petite corde s'appelle fil; la ficelle vient après, puis la corde et enfin le plus gros calibre porte le nom de câble; mais ficelle, corde ou câble ne sont autre chose qu'un *tortis* ou réunion d'un plus ou moins grand nombre de fils.

C'est le *chanvre* que l'on emploie pour la fabrication des cordes.

Comme le lin avec lequel on fabrique la toile fine, le chanvre dont la corde est faite est un arbrisseau dont la culture est très-répandue dans le nord de la France, en Belgique et en Hollande.

Le fil, lui, n'est autre chose que les fibres qui se trouvent dans l'écorce du chanvre et que l'on extrait en faisant sécher la plante après qu'elle est arrachée. Quand le chanvre est bien sec, on le fait *rouir* ou pourrir dans l'eau pendant un temps assez long. Il arrive alors que l'eau, dissolvant la matière gommeuse qui unit les fibres de l'écorce avec les autres parties de la tige, sépare ces fibres, qui finissent par se désagréger et se détacher d'elles-mêmes en formant ce qu'on appelle la matière textile, c'est-à-dire propre à être employée pour la fabrication des tissus. Telle qu'elle s'offre après le rouissage, cette matière reçoit le nom de *filasse*. On fait sécher avec soin cette filasse, après quoi on procède au *macquage*, opération qui a pour but de broyer les petites parties de bois dont la plante est constituée, afin de rendre plus facile la séparation de ce bois d'avec la filasse.

La filasse fine est employée pour la fabrication des tissus ; celle de qualité plus grosse produit le fil de chanvre dont on fait la ficelle, et enfin la partie la plus grossière qui forme le déchet et qu'on appelle *étoupe*, sert entre autres choses à garnir l'intérieur des siéges.

Le fil de chanvre sert donc de point de départ pour faire la ficelle. Tourné et manipulé d'une façon spéciale par le cordier, il ne faut que quelques fils pour faire une ficelle fine, comme, par exemple, celle employée pour relier la boule à son bâtonnet, dans le jeu du bilboquet.

Pour un cerf-volant, il faudra une ficelle plus forte, qui tiendra le milieu entre la ficelle fine et la corde.

Mais si l'on veut une corde à sauter, notre cordier rassemblera, non plus quelques fils, mais bien quelques ficelles les unes avec les autres.

Pour les câbles, il faut aller toujours en multipliant de la sorte, et si l'on réunit étroitement 6, 8, 10 ou 20 cordes, ou aura un câble plus ou moins gros jusqu'à ce qu'on arrive à la dimension de ceux dont on se sert pour attacher les navires dans les ports de mer.

La corde de pendu. — Quant à la fameuse corde de pendu à laquelle quelques rares bonnes femmes de village prêtent encore la vertu de porter bonheur à ceux qui la possèdent, c'est de chanvre aussi qu'elle est faite, à l'instar de la première corde venue.

Pourquoi cette superstition trouve-t-elle

9

encore quelques pauvres esprits qui conservent comme une relique un bout de corde de pendu? on ne saurait le dire, si ce n'est que le bonheur étant si rare sur la terre, on ne sait où prendre ce qui vous le donne. Gens ignorants et aveugles qui ne s'aperçoivent pas que l'éducation, l'amour du bien et la bonne morale, toutes choses qui sont à la portée de chacun, procurent ce bonheur si recherché.

A coup sûr les diseurs de bonne aventure et surtout ceux qui ont la bonhomie et la superstition de les écouter, doivent envier le sort de cet Anglais nommé Tyrwhitte (1) qui, il y a quelque trente ans, avait collectionné les cordes d'un grand nombre de criminels ayant expié leurs fautes dans ce supplice barbare. Sir Tyrwhitte, membre de la société anglaise d'humanité qui se charge d'élever les enfants des pendus, avait mis tous ses soins à collectionner son singulier musée. Chaque corde avait son histoire, sa notice.

Cet homme fut-il heureux? demandera-t-on;

---

(1) Pierre Larousse recommande de ne pas prononcer *tire vite.*

cela est possible: le contraire peut l'être aussi. Cependant, s'il le fut, c'est dans le bien prodigué par ses soins aux pauvres orphelins abando nnés et rejetés de la société qu'il trouvait le bonheur. La corde de pendu n'y était pour .rien, Tyrwhitte n'en manquait pourtant pas.

A toutes règles il y a des exceptions; c'est pourquoi la fantaisie de lord Ferrers peut prendre place ici. Ce gentilhomme, condamné à la pendaison, exigea qu'on lui passât autour du cou non plus une corde de chanvre, mais bien un cordonnet de soie.

Questionnaire. — Décrire la manière de sauter avec la petite corde, puis avec la grande corde? — De quelle matière la corde est-elle faite? — Qu'est-ce que le chanvre? — Décrire les principales opérations par lesquelles on fait passer le chanvre pour en faire la filasse? — A quoi sert la filasse fine, le déchet? — De quoi se compose la ficelle? — De quoi se compose la corde, puis le câble?

LA TOUPIE

LA TERRE.
SON MOUVEMENT AUTOUR DU SOLEIL.
LES COULEURS — SPECTRE SOLAIRE

La Toupie. —Depuis l'invention de la toupie, on a donné à ce jouet une diversité infinie de formes, de genres et d'attraits. On peut cependant classer le tout en deux catégories distinctes : les *Toupies ordinaires* ou pleines, et les toupies creuses ou *Toupies d'Allemagne*. Chacun de ces deux genres offre un phénomène à part qu'il faut connaître et qu'il est intéressant de constater.

Enlacer d'une ficelle appelée *fouet* une toupie de bois en forme de poire, munie d'un fer sur lequel elle pivote et la lancer sur le sol en lui donnant un mouvement de rotation, voilà le jeu de la toupie. Ce mouvement, qui paraît si simple, exige cependant une certaine habileté, et c'est pour n'avoir pas besoin de l'acquérir qu'on a confectionné un autre genre de toupie représentant par sa forme une espèce de champignon. La rotation lui est aussi communiquée par l'enlacement du fouet tourné en spirale autour de sa tige ; mais au moyen d'un petit manche, qui la retient pendant le déroulement du fouet, elle tourne sur elle-même et acquiert une force suffisante pour sortir du manche et tourner rapidement.

Spectre solaire. — Les couleurs. — Pour donner plus d'attrait à ce jeu et pour flatter la vue, les écoliers ont souvent recouvert le dessus rond de la toupie appelé la *tête*, de diverses couleurs disposées en rayons c'est-à-dire s'étendant en lignes droites du centre à la circonférence et qui pendant la rotation offrent une variété infinie de nuances. Sans aller plus loin dans l'étude du phénomène qui s'offre à la vue, il est des enfants qui se sont étonnés de voir qu'après qu'ils ont revêtu leur toupie d'une égale partie de blanc et de noir par exemple, celle-ci présente dans sa rotation une teinte uniformément grise. Cela est dû à l'ensemble des couleurs qui varie à l'infini.

On peut obtenir bien d'autres nuances par le mélange d'autres couleurs ; mais quelles qu'elles soient, elles seront toujours formées par la réunion de deux ou plusieurs couleurs appartenant à la composition du *spectre solaire*.

On appelle spectre solaire la réunion des sept couleurs fondamentales qui existent seules dans la nature et qui sont : rouge, orange, jaune, vert, indigo, bleu, violet. Toute autre nuance, n'est qu'un composé de ces sept couleurs vues dans l'*arc-en-ciel*, qui n'est autre chose que la décomposition de la lumière par l'eau.

A l'aide des sept couleurs, on produit avec la toupie un phénomène encore plus surprenant que l'ensemble du noir et du blanc : c'est de les étendre toujours en rayons et en quantités égales ; et l'on voit se produire pendant la rotation un ensemble de couleurs tout blanc ou semblable à la lumière dorée du soleil. De là le nom de *spectre solaire*.

Le noir est l'absence de toute couleur ou

pour mieux dire la couleur noire n'existe pas ; ce n'est que le bleu très-foncé ou le violet foncé auquel on donne vulgairement le nom de *noir*.

Toupie d'Allemagne. — On appelle toupie d'Allemagne celle dont la tête, au lieu d'être pleine et en bois, est en métal creux et munie d'une ouverture. Quand elle tourne avec une grande rapidité, ce mouvement de rotation fait vibrer l'air comme la main ferait vibrer une corde d'instrument ; il en résulte un bruit tout particulier qui donne à l'emploi de la toupie d'Allemagne un caractère original.

Rotation de la terre. — Le mot de rotation employé pour le mouvement de la toupie est généralement appliqué à tout corps qui tourne ou semble tourner sur un axe ou pivot. On l'applique donc aussi au mouvement que fait la terre autour du soleil, comme si elle tournait sur un axe immense, tandis qu'elle se trouve suspendue dans l'espace où elle fait ses évolutions. En effet, ainsi que la toupie nous en offre l'image, la terre tourne sur elle-même par deux mouvements simultanés autour du soleil qui l'éclaire. Elle met 24 heures ou un jour à faire le premier mouvement, ce qui explique la succession du jour et de la nuit ; et 365 jours ou une année à faire le second mouvement, ce qui explique la succession des saisons.

Supposons que tout en tournant sur elle-même une toupie se promène petit à petit autour d'une chambre au milieu de laquelle on aurait placé une lampe. La lampe serait le soleil, la toupie la terre mobile qui ferait 365 tours sur elle-même avant d'achever sa course autour de la lampe ; ses différentes parties se trouveraient par conséquent éclairées par la lumière 365 fois avant d'achever cette course. Tel est le mouvement de la terre.

Origine. — On donne à la toupie une origine allemande ; d'autres prétendent que ce jeu était connu des anciens. Mais la majorité des auteurs que nous avons consultés penche pour la première hypothèse, laissant supposer que le jeu du sabot seul était pratiqué chez les anciens.

Questionnaire. — Qu'est-ce que la toupie ? — Quels sont les différents systèmes employés pour la faire marcher ? — Qu'est-ce qu'un rayon ? — Combien existe-t-il de couleurs et quelles sont-elles ? — Qu'est-ce que le spectre solaire ? — Quelle nuance offre l'ensemble des sept couleurs pendant la rotation ? — Comment est disposée la toupie d'Allemagne ? — Quel est le phénomène produit pendant sa rotation ? — Décrivez le double mouvement de la terre et comparez-le à celui de la toupie ? — Quelle est l'origine de la toupie ?

LE CERF-VOLANT

L'ÉLECTRICITÉ. — LE PARATONNERRE.

Le cerf-volant est d'une fabrication si simple et si peu coûteuse, que l'on peut s'en procurer un des plus magnifiques au prix de cinquante centimes ; si vous y mettez un franc, son luxe dépassera toute expression et on y verra figurer un soleil d'or, une lune d'argent et des étoiles multicolores.

Conformation du cerf-volant. — Le cerf-volant consiste en une charpente ou carcasse de bois léger recouverte de papier tendu et qu'on élève dans l'espace avec le seul secours du vent qui l'y maintient. Sa forme est ordinairement celle d'un cœur allongé, maintenu droit au moyen d'une queue de papier plus ou moins longue que l'on attache à son extrémité inférieure. Deux glands ou *oreilles* également en papier frisé sont fixés vers le haut de l'appareil pour le maintenir en équilibre, et le tout est retenu à la main par une cordelette.

Pour lancer un cerf-volant, son conducteur se porte rapidement en avant dans le sens contraire au vent et le laisse flotter derrière lui à huit ou dix mètres L'appareil suit d'abord une ligne horizontale, puis s'élève à mesure qu'on déroule la ficelle qui le relient et, le vent aidant, il finit par planer en l'air presque perpendiculairement. Si le vent souffle régulièrement et du même côté, le cerf-volant se maintiendra indéfiniment sans qu'il soit besoin d'autre chose que d'attacher à un point fixe l'extrémité de la ficelle.

L'électricité. — Deux hommes célèbres : l'Américain Franklin et le Français de Rómas, ont immortalisé le cerf-volant en s'en servant, non plus comme jouet, mais comme auxiliaire à leur génie, pour reconnaître la présence de l'électricité dans les nuages et attirer la foudre du ciel sur la terre.

L'électricité est une force invisible dont on ne peut que constater les effets, lesquels se traduisent par l'attraction ou la répulsion que présentent certains corps suivant leur nature ; c'est par le frottement qu'on la développe.

Pour comprendre le phénomène de l'électricité qui se trouve dans l'atmosphère, il est nécessaire d'étudier comme exemple celui qui peut se produire dans des corps qui se trouvent journellement sous la main : — lorsqu'on frotte avec du drap bien sec un morceau de verre, de cire à cacheter ou de résine, ces corps sont *électrisés*, c'est-à-dire qu'ils acquièrent aussitôt la propriété d'attirer les brins de paille, les morceaux de papier, barbes de plumes ou autres menus objets. Voilà le germe de l'électricité.

Il y a deux espèces d'électricité, l'électricité appelée *positive*, qui, après avoir attiré un corps et lui avoir communiqué son fluide, repousse ce corps ; et l'électricité *négative*, qui attire et maintient cette attraction, parce quelle ne se communique pas. Le verre frotté donne l'exemple de la première, et la résine frottée donne l'exemple de la seconde, d'où l'on a établi les principes suivants : que deux corps d'une même espèce d'électricité se repoussent ; ils s'attirent quand leur électricité est différente. — Si l'on approche d'un corps électrisé un autre corps d'électricité contraire, il se produira une étincelle au moment de ce rapprochement. Il en est de même pour l'électricité des nuages.

La Foudre. — En effet, le mouvement précipité de la vaporisation de l'eau par la chaleur du soleil cause un immense déplacement et une modification prompte de l'atmosphère équivalant au frottement qui développe l'électricité. De ce fait, les nuages s'électrisent tantôt positivement, tantôt négativement, et quand deux nuages sont électrisés d'une manière différente, ils s'attirent, et de leur rencontre jaillit avec fracas une immense étincelle. Cette étincelle n'est autre chose que la foudre ; le tonnerre, c'est le bruit qu'elle produit ; l'éclair est la lumière qui en jaillit.

Corps bons conducteurs de l'électricité. — Les causes de la foudre n'ont pas été connues de tout temps, tant s'en faut ! car, ainsi qu'il est dit plus haut, ce sont les deux savants, Franklin et de Romas qui, l'un en Amérique (1752), l'autre en France peu de temps après, ont constaté la présence de l'électricité dans les nuages, et, par conséquent, la cause du bruit formidable et imposant du tonnerre. Il n'y a donc pas un siècle et demi de cela. Ce fut à l'aide d'un cerf-volant qu'ils firent leur magnifique expérience, mais en ajoutant à la partie supérieure de cet appareil une pointe métallique qui correspondait jusqu'à un mètre ou deux au-dessus du sol, au moyen d'un fil de fer parcourant la longueur de la ficelle. En effet, si certains corps, comme le verre, la résine ou la soie, sont ce qu'on appelle mauvais conducteurs de l'électricité, d'autres la laissent circuler et se propager ; ce sont les métaux, l'air, le sol même, et aussi le corps humain. Pour soutirer l'électricité des nuages, Franklin ne pouvait donc rien employer de mieux qu'un fil métallique, en ayant soin cependant de l'isoler du sol en allongeant l'extrémité inférieure qui termine la ficelle par un cordon de soie, sans lequel l'électricité se serait écoulée dans le globe terrestre.

Le Cerf-volant fantastique. — De Romas, à l'instar de Franklin, dont il était, sans le savoir, le savant imitateur, choisit un temps orageux pour lancer son cerf-volant dans la direction d'un nuage chargé d'électricité. Quelques instants après, on vit les brins de paille, qui se trouvaient sur le sol, se dresser et tournoyer de plus en plus autour de l'extrémité inférieur du fil de fer. A cette vue, cet homme intrépide n'eut plus de doute, si tant est qu'il en ait jamais eu, et au moyen d'une branche de verre comme excitateur, il soutira des étincelles d'une longueur d'un mètre ou deux et dont l'éclat ainsi que le bruit allèrent en augmentant.

Le cerf-volant planait toujours et le ciel s'assombrissait de plus en plus, quand un bruit formidable se fit entendre au milieu des assistants terrifiés, en même temps qu'un trait de feu bouleversa le sol, laissant cependant sain et sauf, par un hasard providentiel, celui qui avait osé pour la première fois attirer la foudre du ciel sur la terre.

Le Paratonnerre. — De cette expérience naquit l'invention du paratonnerre. En effet, la

foudre peut jaillir encore entre un nuage électrisé et la terre. Le nuage, par son rapprochement, développe dans le sol une électricité
contraire qui, en vertu de l'attraction des deux
électricités différentes, tend à se rapprocher de
ce nuage qui l'attire. Elle s'échappe par les
points les plus élevés du sol comme la cime
des arbres, des montagnes, le haut des maisons et plus particulièrement par tous les corps
terminés en pointe. Dé cette attraction mu-
tuelle naît le choc violent qui se produit en
traits de feu et avec le bruit formidable du tonnerre.

La foudre, on le sait, fait de grands ravages
quand elle éclate ainsi sur la terre. Elle tord
les arbres, renverse les maisons et tue les
hommes et les animaux. Ce fut pour nous pré-
server de ce danger que Franklin inventa le
Paratonnerre, qui n'est autre chose qu'une
longue tige métallique terminée en pointe, fixée
sur le toit des monuments et en communication
avec le sol. La pointe attire l'électricité du
nuage orageux, et cette électricité va se perdre
dans le sol ou dans une nappe d'eau courante
où l'on a soin de faire aboutir l'extrémité de la

chaîne métallique qui relie le paratonnerre au sol. C'est pourquoi Franklin et de Romas adaptèrent une pointe métallique à leurs cerfs-volants, qui tenait lieu de paratonnerre, mais sans écoulement de l'électricité, à cause du fil de soie isolant l'appareil.

Conclusion. — Il ne faut pas croire que la foudre soit un mal. Loin de là, quand les grandes chaleurs ont causé sur le globe terrestre des dessèchements et des miasmes insalubres, ces miasmes sont d'abord attirés vers les nuages, et comme il n'est pas plus sain qu'ils y séjournent plus que sur la terre, l'électricité se produit comme pour les brûler et purifier l'atmosphère qu'elle rafraîchit et rend plus respirable.

Origine du cerf-volant. — Le cerf-volant nous vient de l'Asie. Un historien chinois en attribue l'invention à un général de son pays, qui employait déjà, 206 ans avant Jésus-Christ, un cerf-volant comme signal en temps de guerre ; il y a donc plus de deux mille ans ! Aujourd'hui encore, tous les enfants, en Chine, jouent au cerf-volant, mais ils leur donnent différentes

formes et figures en leur faisant représenter
tantôt un animal, tantôt d'immenses oiseaux de
proie, etc.

Questionnaire. — Décrire la structure d'un cerf-
volant? — Qu'est-ce qui enlève et soutient le cerf-
volant dans l'espace? — Qu'est-ce que l'électricité et
par quel phénomène la développe-t-on? — Combien
y a-t-il d'électricités? — Quelle est la vertu de l'électricité positive? — Quelle est celle de l'électricité négative? — Quel est le phénomène qui se produit
quand deux électricités contraires sont en présence?
— Qu'est-ce qui développe l'électricité dans l'atmosphère? — Qu'est-ce que la foudre. — Qu'est-ce que
le tonnerre?—Qu'est-ce que l'éclair?— Comment s'y
prit de Romas pour constater la présence de l'électricité dans les nuages? — Quel est l'autre savant qui
fit la même expérience? — Qu'avait le cerf-volant de
ces hommes célèbres en plus du cerf-volant ordinaire?
— Quels sont les corps bons conducteurs et les corps
mauvais conducteurs de l'électricité? — Qu'est-ce que
le paratonnerre? —Quels sont les points par lesquels
l'électricité s'échappe plus particulièrement de la
terre? — La foudre est-elle un bienfait? — Quelle
est l'origine du cerf-volant?

TABLE

Paris-Imp. PAUL DUPONT, 41 rue Jean-Jacques-Rousseau. — 3.90.12.74.